REVUE

DU

CONCOURS RÉGIONAL

D'ANIMAUX REPRODUCTEURS MALES

DES ESPÈCES CHEVALINE, BOVINE, OVINE ET PORCINE,
ET D'INSTRUMENTS ARATOIRES, MACHINES
ET PRODUITS AGRICOLES

PAR

CASIMIR ROUMEGUÈRE,

*Membre du bureau des Arts, sous-secrétaire de la chambre de
commerce, correspondant de la société d'agriculture de la
Haute-Garonne, de la société industrielle de Mulhouse,
etc., etc.*

ET

HIPPOLYTE GABOLDE,

*Membre correspondant de la société d'Agriculture de la
Haute-Garonne, de la société industrielle d'Angers et du département de Maine-et-Loire, de la société
d'agriculture de l'Aude, etc., etc.*

TOULOUSE,

JOUGLA, libraire,   DELBOY, libraire,
RUE SAINT-ROME, 46.   RUE DE LA POMME, 71.

1851.

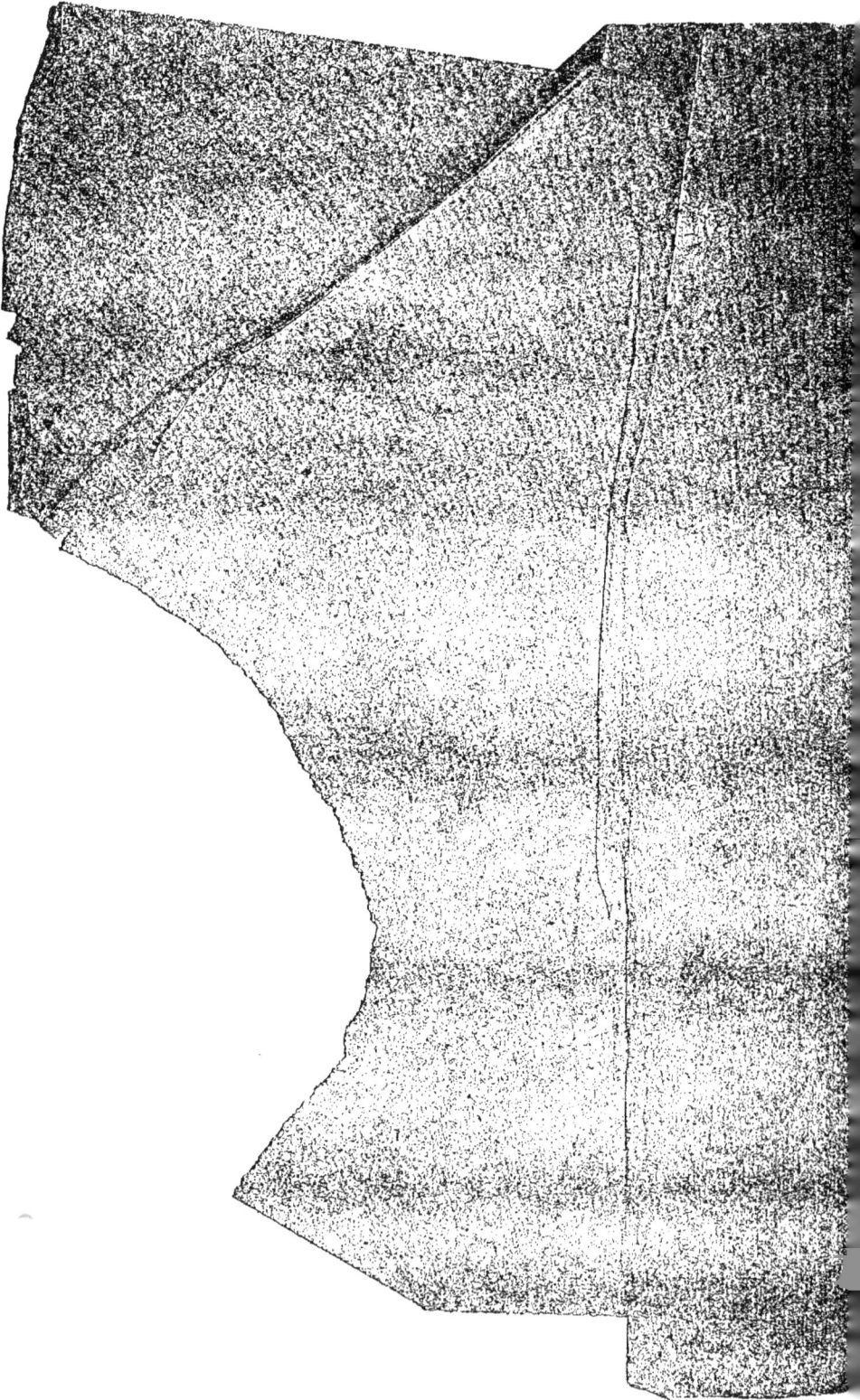

REVUE

DU

CONCOURS RÉGIONAL

D'ANIMAUX REPRODUCTEURS MALES

DES ESPÈCES CHEVALINE, BOVINE, OVINE ET PORCINE;
ET D'INSTRUMENTS ARATOIRES, MACHINES
ET PRODUITS AGRICOLES.

PAR

CASIMIR ROUMEGUÈRE,

*Membre du bureau des Arts, sous-secrétaire de la chambre de
commerce, correspondant de la société d'agriculture de la
Haute-Garonne, de la société industrielle de Mulhouse,
etc., etc.;*

ET

HIPPOLYTE GABOLDE,

*Membre correspondant de la société d'Agriculture de la
Haute-Garonne, de la société industrielle d'Angers et du département de Maine-et-Loire, de la société
d'agriculture de l'Aude, etc., etc.*

TOULOUSE,

JOUGLA, libraire, | DELBOY, libraire,
RUE SAINT-ROME, 46. | RUE DE LA POMME, 71.

1851.

33962

RÉSUMÉ D'UNE STATISTIQUE AGRICOLE DU DÉPARTEMENT DE LA HAUTE-GARONNE, broch. in-4°. 1849.

MÉMOIRE HISTORIQUE SUR L'ANCIENNE CULTURE DU PASTEL *(Isatis tinctoria)*, 1 vol. in-8°. Mulhouse, 1850.

REVUE HISTORIQUE, DESCRIPTIVE ET CRITIQUE DES PRODUITS DE L'INDUSTRIE DE L'EXPOSITION TOULOUSAINE DE 1850, 1 vol. in-8°, de 400 pages. Prix :   5 fr.

Imprimerie du *Midi*, Typographie Vᵉ Corne, rue des Trois-Renards, 6.

REVUE

CONCOURS RÉGIONAL.

~⊶⊷~

> La multiplication et le bon état des
> animaux sont l'indice d'une culture
> perfectionnée et le gage de la richesse
> particulière et publique.

Les concours d'animaux destinés à la boucherie, ou à
la reproduction, institués en France depuis peu d'années pour l'amélioration et l'encouragement de la production du bétail, ont été accueillis avec une faveur
marquée par les éleveurs.

Avant d'examiner l'influence que le nouveau mode
suivi par le gouvernement peut exercer sur notre agriculture et sur notre commerce, nous allons rappeler les
phases diverses de la mesure protectrice.

Avant 1839, les associations agricoles distribuaient
des primes aux propriétaires producteurs avec les fonds
qui leur étaient accordés par le ministre de l'agriculture. Ces fonds étaient ordinairement réunis à ceux que
les conseils généraux allouaient pour le même usage.
Ces primes, insuffisantes pour indemniser les producteurs de leurs sacrifices et de leurs soins, n'appelaient
le plus souvent aux concours que ceux d'entr'eux qui
ambitionnaient un encouragement honorifique. Pour
mieux atteindre le but qu'il s'était proposé, le gouvernement prépara l'organisation de plus grands concours.

M. le ministre de l'agriculture, par un arrêté du 17 juin 1839, décida, en principe, qu'il serait distribué, sur les principaux marchés, des primes aux plus beaux animaux destinés pour la boucherie, « afin, y est-il dit, « de diriger les éleveurs et les engraisseurs dans le « choix des meilleures races, ainsi que des moyens les « plus économiques à mettre en usage pour faire des « animaux de boucherie. »

Des difficultés qui se présentèrent lors de l'exécution de cet arrêté en empêchèrent l'application, et ce n'est qu'après un sérieux examen de ce projet que le 31 mars 1843, M. le ministre établit définitivement, à partir de l'année 1844, un concours d'animaux de boucherie sur le marché de Poissy, où seraient admises seulement les espèces bovine et ovine.

Cependant, après une courte expérience, on sentit la nécessité de primer également les animaux destinés à la reproduction, puisqu'ils sont la véritable source de l'amélioration des races.

Pour parvenir à ce résultat, un arrêté du 12 janvier 1848, confirmé par celui du 26 juillet suivant, décida qu'à dater du mois d'avril 1849, un concours d'animaux reproducteurs et d'instruments aratoires perfectionnés serait annexé au concours de Poissy.

À l'époque indiquée, trente-neuf propriétaires envoyèrent 92 animaux, qui furent vendus, en partie, le lendemain comme bestiaux de boucherie. Cependant, afin d'empêcher ces ventes précipitées qui tendaient à éloigner les concours du but qu'on s'était proposé, et pour donner en même temps plus d'éclat à cette solennité, il fut décidé que l'exposition aurait lieu désormais à Versailles dans les bâtiments de l'Institut national agronomique, et qu'on y admettrait les animaux de l'espèce chevaline spécialement aptes aux travaux agricoles; ainsi que les produits de l'agriculture.

Pendant que ces concours nationaux avaient lieu aux portes de Paris, on en créait également à Bordeaux, à Lyon et à Lille, et la formation de trois régions principales où sont groupés les départements qui paraissent avoir quelque similitude sous le rapport de la production du bétail a été le complément de cette mesure favorable.

Depuis que les associations agricoles se propagent en France, les besoins de l'agriculture qu'elles font connaître trouvent des défenseurs, et le gouvernement, mieux éclairé, peut tenter des essais dont il est aisé de prévoir les heureux résultats. Les fermes-écoles, les comices, les congrès, les concours publics, sont autant de créations récentes qui doivent aider le développement de l'agriculture.

Ainsi l'agriculteur saura aujourd'hui que l'entretien des mauvaises races est aussi dispendieux que celui des bonnes, et qu'on peut obtenir de ces dernières beaucoup plus de services et de produits; qu'on ne doit guère donner plus de soins à la jument qui porte un poulain distingué qu'à celle qui porte un poulin d'une race commune. Et cependant quelle différence entre eux! Le premier sera moins sujet aux maladies, vivra plus longtemps, traînera un fardeau plus lourd et sera tout aussi bien que l'autre propre aux travaux de l'agriculture.

Il en est de même de l'espèce bovine. L'entretien d'un bœuf d'une belle race n'est pas plus dispendieux que celui d'une race commune ; avec un tiers de plus d'aliments, une vache donnera deux ou trois fois plus de lait, et ses veaux se vendront à un prix bien supérieur.

Dans les Alpes et dans les départements du centre de la France, les laitages et l'élève de l'espèce bovine sont l'objet d'un important revenu; l'élève des bêtes chevalines enrichit la Normandie, la Bretagne et le Poitou. Dans la Beauce, le Berry et quelques parties de la Provence, l'économie ovine est d'une ressource immense. Partout cependant pourraient se perfectionner ces diverses industries, partout le zèle et la persévérance triompheraient des sols les plus rebelles, car la douceur de notre climat et la fertilité du sol semblent favoriser plus particulièrement la production du bétail.

Dans l'état actuel des choses les chevaux nourris en France n'ont qu'une vie moyenne de 8 à 10 ans; ils sont petits et incapables de résister à la fatigue. L'espèce bovine n'est pas précisément aussi chétive. L'importation des bœufs de travail et des vaches laitières est peu importante, et si l'Allemagne et la Belgique nous fournissent un grand nombre de bœufs pour la boucherie; c'est parce qu'ils arrivent à moindres frais.

Maintenant que la question de la boucherie occupe si vivement l'attention publique, lorsque dans certaines localités la consommation de la viande augmente, et que le prix de vente diminue, les producteurs doivent se mettre à la hauteur de ce mouvement capable de vivifier complètement leur industrie; il suffit pour cela de savoir engraisser le bétail avec plus d'économie. Les arts manufacturiers ne pourraient que gagner à cet accroissement de la production animale; on ne serait plus obligé d'importer de l'étranger les toisons nécessaires à la fabrication des tissus.

Le nouveau concours vient d'être inauguré à Toulouse. Cette priorité donnée à notre ville sur toutes celles qui composent la région des 14 départements est un bienfait qu'elle justifie par l'importance et l'étendue de son agriculture, par son commerce et sa consommation; aussi formons-nous le vœu, avec les amis du progrès agricole de notre contrée, que M. le ministre veuille bien doter de cette institution, invariablement chaque année, la ville de Toulouse. L'en priver pour la placer alternativement dans d'autres départements d'une importance moindre, ce serait détruire, pour ainsi dire, le bon effet qu'elle a déjà produit, car ces services rendus à l'amélioration des races et ces encouragements offerts aux producteurs ne se renouvelleraient parmi nous, si le mode actuel était maintenu, que dans une période de 14 années.

Espérons que le résultat du concours du 1er avril, qui est pour tous le gage d'une exposition prochaine et plus brillante, à raison d'une plus grande publicité, fera sentir au gouvernement le besoin de modifier la circonscription du Sud-Ouest.

Les départements de l'Aude et du Tarn, placés à nos portes, ne font point partie de notre région, tandis qu'on leur a préféré ceux de la Vienne et de la Charente, dont l'éloignement du centre du concours sera plus tard, comme aujourd'hui, un obstacle sérieux à la présentation des animaux reproducteurs.

Avant d'entreprendre l'examen du concours des animaux, instruments et produits agricoles, nous allons brièvement tracer l'état actuel de la production du bétail dans chacun des départements formant la circonscription régionale.

COUP-D'ŒIL

Les départements situés à l'ouest de la région se trouvent dans des conditions peu favorables à l'élève des chevaux ; les bestiaux et les troupeaux n'y trouvent pas des pâturages salubres et assez étendus, et si les départements du Midi ne leur disputent pas la supériorité numérique de production ni l'importance commerciale, ils offrent incontestablement à l'élève et à l'engraissement des terres plus fertiles, un air plus sain et un climat plus généreux.

Ces considérations seront comprises lorsque l'on aura lu l'analyse suivante que nous faisons de la situation particulière des départements appelés au concours de Toulouse.

Généralement aride, sec et brûlant, le département de la Charente n'emploie en prairies et pacages pour les bestiaux qu'un huitième de son étendue, évaluée à 602,000 hectares ; les moutons qu'on y élève sont d'une race chétive ; et si les bœufs qu'on y engraisse viennent alimenter les marchés de Paris, on doit l'attribuer aux soins que les habitants donnent au choix de la nourriture pour suppléer au manque de pâturages. Le commerce seulement de l'espèce chevaline a quelque importance.

Autant le territoire du département de la Charente est ingrat, autant celui de la Charente-Inférieure est productif ; un sixième environ, consistant autrefois en

marais, aujourd'hui desséchés et fécondés par des terres d'alluvion, donne d'excellents pâturages qui nourrissent un grand nombre de bœufs, des chevaux de
race, beaucoup de moutons et des cochons estimés. Ici
l'élève des chevaux serait mieux favorisé que dans les
départements limitrophes.

Le sol ingrat de la majeure partie du département de
la Dordogne rend sa végétation très chétive. Les collines
qui divisent en tous sens les arrondissements de Noir-
tron, de Sarlat et de Riberac, sont presque nues. Les
terres plantées en vignes sont plus considérables que
celles consacrées aux prairies. Les châtaignes font presque exclusivement la nourriture des bestiaux. On fait
très peu d'élèves de chevaux, mais beaucoup d'ânes et
de mulets. La race bovine est en général médiocre ;
celle des moutons semble depuis quelques années s'améliorer. Il y a peu de départements où l'engraissement
des cochons soit aussi productif et aussi facile.

Les pâturages de la Gironde sont excellents, mais
peut-être trop restreints. Malgré l'ingratitude du sol de
ce département, les agriculteurs en général ont su y
créer de riches cultures. Les bois, les prairies et les
céréales disputent le terrain à la vigne. L'éducation des
bêtes à laine est très soignée, et quoique leur toison ne
serve encore qu'à la confection d'ouvrages grossiers, il
y a lieu d'espérer que les améliorations que l'on obtient
par le croisement de la race du pays avec celle d'Ir-
lande, donnera plus de valeur à la tonte. Le département produit de nombreuses bêtes à cornes pour la
boucherie, mais peu de chevaux.

Des 915,000 hectares qui composent la superficie du
département des Landes, 800,000 environ sont livrés à
l'abandon et n'offrent que de rares cultures autour des

sommités sur lesquelles on a construit les habitations
pour n'être pas atteintes par les eaux. Si les marais
étaient desséchés, cette contrée pourrait nourrir de
nombreux troupeaux, tandis qu'on n'y trouve qu'une
espèce rare et médiocre broutant dans les lagunes des
plantes insuffisantes pour sa nourriture. Les maladies
la déciment chaque année, et souvent le manque d'herbages pendant les hivers rigoureux la fait périr en totalité. La race des chevaux des Landes, qui peut être
comparée pour la sobriété et pour la vigueur aux *Koc-
klani* des déserts, ne peut se propager et s'améliorer sur
un sol aussi stérile et aussi insalubre. Quoique nombreux, les troupeaux n'ont pas une grande valeur; leur
laine est de très mauvaise qualité et ils ne donnent aucun profit aux éleveurs. Il est regrettable que les essais
pour l'introduction des mérinos tentés par M. de Cère
n'aient pas été répétés ni soutenus. A peine si on nour-
rit le bétail nécessaire au labourage; encore l'engrais
qu'il produit est-il insuffisant pour une bonne culture.
Les agriculteurs se dédommagent de ce sol ingrat en
engraissant des porcs dont l'exportation leur procure
des revenus assez considérables.

Le département de Lot-et-Garonne est loin de méri-
ter la réputation de fertilité qu'on lui a trop légèrement
accordée. Les arrondissements de Nérac et de Marmande
n'offrent presque en totalité que des sables et des cô-
teaux arides, bien faits pour décourager les meilleurs
efforts de l'agriculteur. Un huitième de sa superficie
est occupé par des marais aussi insalubres que ceux du
département des Landes. Les pâturages ne se trouvent
pas plus abondants, et les quelques troupeaux qu'ils
nourrissent sont sans vigueur.

Mais dans la partie du département qui est arrosée

par le Drop et par la Baïse, l'aspect physique du sol n'est plus le même. Là sont d'assez belles prairies et de vastes pâturages où l'on élève quelques chevaux, beaucoup de mulets et des troupeaux de moutons. Les bêtes à cornes d'une bonne espèce, connue sous le nom d'*Agenaise*, donnent lieu à une exportation considérable pour Toulouse et pour Bordeaux. Les produits de deuxième qualité sont dirigés sur Cette, Montpellier et Perpignan.

Les terres du Gers sont généralement argileuses, pierreuses et compactes; aussi les cultures souffrent de la sécheresse une partie de l'année. Cependant les divers cours d'eau sillonnant le département pourraient fertiliser des prairies qui occupent en ce moment une étendue de 87,000 hectares, et rendre productifs plus de 40,000 hectares de terrain encore incultes. L'éducation des bêtes à cornes et des moutons est négligée. Quoique l'on poursuive depuis quelques années le croisement des troupeaux mérinos avec les troupeaux de race anglaise, l'amélioration est à peine sensible. Il s'exporte pour Toulouse et Bordeaux peu de bœufs, mais pour l'Espagne quantité considérable de mules, mulets et cochons, dont l'élève et l'engraissement se trouvent dans des conditions assez favorables.

Grâce à ses excellents pâturages, la *Vienne* élève une très-grande quantité de chevaux et de mulets. Les anciennes races du Poitou semblent renaître.

Les animaux de l'espèce chevaline que produisent les départements des *Hautes-Pyrénées*, des *Basses-Pyrénées* et des *Pyrénées-Orientales*, quoique de petite taille, sont fort estimés à cause de leur vigueur. Depuis que le gouvernement a établi le dépôt d'étalons de Tarbes et qu'il a fondé des prix de course dans le Midi, une amélioration sensible s'est manifestée dans l'élève des chevaux.

Malgré le parcours de huit rivières principales et d'une multitude de ruisseaux qui l'arrosent, le département de la Haute-Garonne affecte aux céréales la moitié de sa contenance. Les prairies naturelles n'excèdent pas 40,000 hectares ; mais les prairies artificielles, dont on reconnaît toute l'importance, se sont considérablement multipliées depuis peu d'années et tendent encore à s'accroître. De la réalisation des irrigations promises, on a tout lieu d'espérer que le sol, déjà très fertile, décuplera ses produits. La partie pyrénéenne du département offre des pâturages abondants, précieux par leur bonté ; ils servent à la nourriture des bestiaux. La production consiste en belles races de chevaux et de bœufs très propres au travail, beaucoup d'ânes et de mulets et une grande quantité de porcs.

Le département de l'*Ariége* peut être classé après le nôtre pour la fertilité du sol. Au pied des Pyrénées comme celui de la Haute-Garonne, il se compose de plaines où viennent la vigne et les céréales, et de montagnes qui fournissent principalement des bois et des pâturages. Les chevaux, dont la race avait dégénéré, commencent à se rétablir depuis la création des haras du Midi. L'espèce des bêtes à cornes est aussi en voie d'amélioration, et les moutons mérinos récemment introduits font concevoir aux éleveurs de belles espérances.

Les tableaux statistiques suivants indiquent le nombre des animaux reproducteurs mâles existant dans la région, dont Toulouse est le centre, en 1851, ainsi que la valeur moyenne qu'ils représentent par tête. Nous laissons maintenant au lecteur la faculté d'apprécier quelle est la valeur des chiffres de ces tableaux comparativement à la belle ou à la médiocre production des animaux dans chaque département et aux bénéfices que les conditions d'entretien donnent aux éleveurs :

1° Tableau numérique de la production.

DÉPARTEMENTS.	TAUREAUX	BÉLIERS.	CHEVAUX	PORCS.
Ariége.	3,211	6,458	2,282	50,425
Charente. . . .	925	7,796	8,054	73,388
Charente-Infér. .	5,148	7,841	10,637	45,795
Dordogne. . . .	4,311	23,847	8,046	158,157
Garonne (Haute).	4,292	4,942	4,783	76,441
Gers.	6,720	9,429	5,495	52,892
Gironde. . . .	2,169	7,929	15,408	64,000
Landes.	654	10,808	10,113	51,651
Lot-et-Garonne..	9,208	4,518	7,337	69,706
Pyrénées-Orient.	896	9,011	3,633	28,283
Pyrénées (Htes)..	1,221	5,417	3,580	57,450
Pyrénées (Basses)	351	8,109	7,489	75,697
Tarn-et-Garonne	4,720	6,607	2,945	38,663
Vienne.	3,434	11,793	7,463	51,597

2° Tableau du prix moyen par tête.

	fr.	c.	fr.	c.	fr.	c.	fr.	c.
Ariége.	78	»	14	20	116	»	32	»
Charente. . . .	123	»	9	10	128	»	31	»
Charente-Infér. .	120	»	18	»	242	»	74	»
Dordogne. . . .	106	»	9	»	134	»	29	»
Garonne (Haute)	98	»	14	»	138	»	24	»
Gers.	80	»	11	25	124	»	22	»
Gironde. . . .	111	»	13	35	135	»	53	»
Landes.	80	»	8	60	83	»	44	»
Lot-et-Garonne..	97	»	13	»	121	»	30	»
Pyrénées-Orient.	109	»	16	80	162	»	56	»
Pyrénées (Htes)..	58	»	9	95	91	»	22	»
Pyrénées (Basses)	120	»	13	25	85	»	49	»
Tarn-et-Garonne	97	»	13	»	149	»	30	»
Vienne.	88	»	12	»	118	»	25	»

RACE CHEVALINE.

Considérations générales.

Peu de pays sont aussi bien favorisés que le nôtre pour l'élève des chevaux : aussi nos races ont-elles joui longtemps d'une grande célébrité. Avant l'invasion de César, les Romains estimaient les chevaux gaulois à l'égal des intrépides coursiers de l'île de Crête. A l'époque où fut instituée la chevalerie, nos preux, armés de toutes pièces, trouvèrent en Normandie des montures aussi fortes qu'agiles, les nobles chatelaines des haquenées élégantes dans le Limousin. En même temps le Midi voyait se créer la race navarrine, très propre à la selle, et le Boulonnais ainsi que la Franche-Comté produisirent des chevaux robustes et pour un fort tirage. L'Auvergne, le Poitou et la Bourgogne étaient déjà connus pour leurs excellents bidets. Mais, en 1770, nos belles races étaient absolument éteintes ; dix ans après, l'agriculteur, découragé par les troubles civils, n'élevait plus ; et, lorsqu'en vue de renouveler chez nous l'espèce chevaline que nous puisions forcément à l'étranger, on rétablit l'administration des haras, la France ne possédait qu'une race dégénérée et de rebut.

Maintenant la race équestre *Navarrine*, introduite par les Maures d'Espagne, améliorée par Napoléon, est en pleine prospérité ; elle fournit des montures d'officiers et des attelages de luxe. La *Limousine*, remarquable par sa grâce et son élégance, donne malheureusement bien peu ; l'*Auvergnate*, qui dérive de la *Limousine*, commence à se relever ; la *Normande* pure n'existe presque plus ; la *Cotentine*, qu'on emploie au trait et à la voiture, se soutient mieux. Quoique brillante et belle de formes, cette dernière espèce est néanmoins molle et manque de fond. Le cheval *Poitevin*, fréquemment employé aux travaux agricoles et à la remorque des bateaux, ne doit la faculté de tirer de lourds fardeaux qu'à sa masse pesante; mais sa course est pénible; il manque d'énergie, et, plus que tout autre, il a besoin d'un nouveau sang. La race *Percheronne* est douée des qualités essentielles d'énergie et de solidité qui manquent à la race du Poitou; moins lourd et plus dur à la fatigue, le Percheron est le cheval de poste et de roulage par excellence. Les races de la Corse et des Pyrénées, quoique petites de taille, sont remarquables par leur vigueur et la sûreté de leur pied. Elles semblent nées pour gravir les sentiers rocailleux des montagnes; leur constitution, sous ce rapport, est bien satisfaisante.

Dans le Midi, les soins qu'on a donnés à l'amélioration des chevaux gascons n'ont point encore obtenu le succès espéré. Par le mélange des races pures, ils ont acquis, il est vrai, des formes élégantes et de la grace dans les allures, mais aux dépens de la force de leurs membres; leur taille laisse encore beaucoup à désirer. Il semble que l'on devrait, avant d'opérer le croisement de nos races locales avec les races de sang étrangères, employer à la reproduction des étalons déjà croisés, et réserver alors pour le type de la race de premier sang le produit de cette deuxième génération. Une transition moins brusque d'un sang d'une espèce à l'autre pourrait bien favoriser l'amélioration des races.

Pendant longtemps on a introduit des femelles de sang pour les livrer aux étalons du pays, et cette circonstance a retardé les croisements avantageux; on avait besoin d'un grand nombre de sujets améliorateurs qu'on se procurait difficilement, tandis que maintenant l'introduction des mâles pour les allier aux juments indigènes facilite la propagation de l'espèce améliorée.

Nos races actuelles sont plus aptes au trait qu'à la selle; leur qualité et leur insuffisance expliquent comment notre armée est tributaire de l'Allemagne pour ses remontes, notre agriculture et nos messageries de la Hollande et de la Belgique pour les chevaux de gros trait, et de la Suisse pour les bêtes moins étoffées. L'importation étrangère varie annuellement entre 12 et 15,000 chevaux.

Depuis quelques années, le gouvernement a senti la nécessité de régénérer nos races, et d'encourager la production. Il a réformé les haras, établi des courses circonscrites, comme le sont actuellement les régions d'exposition, et fondé des prix de divers ordres. Mais pour atteindre cet heureux résultat qui doit nous retirer de la merci des peuples qui d'un moment à l'autre peuvent être nos ennemis, pour que nos races suffisent aux besoins de nos divers services, l'établissement de grands haras semble assurer une précieuse ressource. Avec une dissémination plus considérable de stations et l'augmentation surtout des chevaux qui les composent, il n'y a pas lieu de douter que les cultivateurs trouveront autant de profits à l'élève des chevaux de gros trait qu'à celui des chevaux de selle, et que les races françaises ne puissent un jour égaler celles de l'Angleterre et de l'Espagne.

Examen du Concours (1).

La race équine représente, après l'espèce bovine, la section la plus importante du concours d'animaux. 38 chevaux dont 21 de selle et 7 de trait ont été présentés; ils sont, dans la proportion d'un tiers, de l'âge de 2, 3 et 4 ans. Presque tous appartiennent aux départements de la Haute-Garonne et du Tarn-et-Garonne. On doit le reconnaître, l'époque rapprochée de l'ouverture du concours a contrarié plus particulièrement la présentation des animaux de l'espèce chevaline, car les éleveurs des départements les plus éloignés du centre de la région ont craint d'exposer la délicatesse de leurs jeunes poulains aux dangers d'un voyage accéléré: on ne saurait y voir d'autre cause. Nous le disons avec regret, mais les Hautes et les Basses-Pyrénées, si peuplées aujourd'hui de chevaux de premier ordre, ont fait complètement défaut à notre concours.

Parmi les bêtes de selle, 10 à 12 chevaux de sang et demi-sang, soit anglais, soit arabes, et provenant la

(1) L'administration municipale, désireuse de donner à la nouvelle institution tout l'éclat que réclamait une mesure tentée en faveur de la prospérité agricole du pays, avait fait disposer de vastes locaux dans le quartier neuf d'artillerie pour la réception et le classement des animaux, des instruments et machines, ainsi que des divers produits agricoles appelés à concourir. Un champ de course avait aussi été préparé pour l'examen des animaux dans leurs allures naturelles.

Contre toute attente, le concours a été beau ; l'exposition des espèces équine et bovine surtout a été brillante, et si un plus long espace de temps eût séparé l'avis du concours de son ouverture, les éleveurs et les agronomes des départements les plus éloignés du centre de la région auraient probablement répondu à l'appel qui leur était fait.

2

plupart du haras de Tarbes, attiraient les regards des amateurs. Les autres, appartenant aux races croisées *normande, arabe* et *anglaise,* classés dans l'opinion générale au second rang, n'étaient pas néanmoins sans mérite aux yeux des connaisseurs. Les chevaux de trait de race *poitevine* et *percheronne,* âgés de 3 à 6 ans, étaient dans de belles conditions.

Au nombre des beaux chevaux, nous avons surtout remarqué dans les loges nos 28 et 29 deux *anglo-arabes* fils de *Prospectus,* du haras de Tarbes, de formes et d'attitudes distinguées, présentés par un ancien éleveur de Toulouse qui a le plus contribué à l'amélioration des races équines dans notre contrée. Le public a vu avec regret que le propriétaire les ait retirés avant la distribution des primes. Les loges 1, 2, 3, 4, 5 et 6 étaient occupées par des chevaux demi-sang arabe, de deux âges, qu'un habile éleveur des environs de Toulouse a fait acheter à un an parmi les chevaux de tête du haras de Tarbes. Ces jeunes animaux se recommandaient tous par l'homogénéité de leurs formes; l'un d'eux, fils d'*Hamdami,* a obtenu une deuxième prime. Les loges 15 et 16 renfermaient *Korsack* et *Alaric,* le premier de 5 ans et le 2e de 3, l'un et l'autre fils de *Biche* pur sang arabe, envoyés par un éleveur très connu de Castelsarrasin. Enfin le poulain de la loge no 24, de belle race anglaise, attirait les regards par ses formes délicates et ses membrures qui ne laissaient rien à désirer.

Si le jury, composé d'hommes spéciaux, n'avait pas déjà distribué ses récompenses, nous oserions peut-être donner notre opinion sur le mérite individuel des animaux exposés ; mais nous devons nous borner à une appréciation générale et nous rapporter aujourd'hui à la décision de cette assemblée, qui, sans doute, bien informée, a dû juger en toute connaissance de cause.

Un grand nombre d'amateurs estiment comme Bour-
gelat, que la bonté et la beauté sont constamment d'accord dans un cheval. Leur erreur est aussi profonde
que celle du savant hippiatre, et l'on ne doit pas igno-
rer aujourd'hui qu'une bête modèle est quelquefois fort
inférieure pour les qualités morales et physiques à une
autre d'apparence commune; aussi dans cette question
délicate de l'examen à l'œil, où le grand connaisseur se
trompe, nous demanderait-on un avis que, partageant
l'opinion de Préseau de Dampierre, nous voudrions la
division *des chevaux beaux et des chevaux bons.*

RACE BOVINE.

Considérations générales.

Les animaux de la race bovine peuvent être consi-
dérés à juste titre comme les plus utiles : ils nous se-
condent dans nos travaux, nous nourrissent de leur lait,
et leur mort nous procure d'abondantes provisions pour
notre subsistance. Améliorer cette race en corrigeant
ses défauts, en perpétuant les qualités qu'on doit y désirer, tel est le but constant qui dirige les efforts de l'é-
leveur.

On ne saurait contester ni méconnaître le rôle important que jouent les bestiaux dans l'ensemble d'une
agriculture avancée; les avantages qu'ils procurent à
l'homme les fesait considérer par Bakevel *comme des
machines employées à convertir en argent l'herbe et les
autres fourrages.*

Les races que la France possède sont nombreuses et variées, soit par leur pelage, soit par leur taille et leurs formes extérieures. Les plus belles se trouvent ordinairement dans les pays où les pâturages sont abondants, comme dans la Normandie, le Limousin, le Poitou, la Camargue, la Flandre.

Les bœufs de la Sologne sont d'une très petite espèce et d'une mauvaise qualité. Les maigres pâturages de cette contrée nuisent beaucoup à l'éducation de ces animaux dont le poids ne dépasse pas généralement 200 à 250 kilog.; ils se distinguent d'ailleurs par leur poil rouge ou brun.

La race bretonne, originaire des rives herbeuses de l'Escaut dans la Hollande, comme toutes celles qui habitent le nord et l'ouest de la France, peut être regardée comme une des meilleures laitières d'Europe, car elle donne, avec une alimentation égale à celle qu'exigent certaines races, une quantité bien plus considérable d'un lait très nourrissant.

Elle est d'une taille si petite que dans quelques endroits de la Bretagne on pourrait la comparer à une chèvre. On préfère cependant celles qui sont d'une taille moyenne.

Cette race, assez connue dans nos contrées, se distingue par sa tête petite, son encolure grêle, la largeur de son bassin, la petitesse de ses os, la finesse de ses mamelles et l'étendue de leur écusson. Cette conformation indique son peu d'aptitude au travail, qui est remplacée par ses qualités éminemment laitières; sa lactation est longue et peut être évaluée à un tiers de plus que celle des autres espèces bovines; elle a d'ailleurs le précieux avantage de se laisser traire à volonté et d'accepter les veaux qui lui sont étrangers. On remarque qu'elle est toujours d'une maigreur que l'on peut attribuer à la fluxion des mamelles causée par la traction journalière du lait et qui change en une matière butireuse la graisse, qui, sans cette opération, resterait dans les tissus.

Les bons pâturages de la Normandie nourrissent des bœufs d'une haute stature, s'engraissant facilement, mais travaillant peu. Ceux qui habitent le Cotentin sont les plus renommés pour leur chair; on en voit dont le poids s'élève jusqu'à 600 kilogrammes et quelquefois davantage.

Le Limousin est, après la Normandie, le pays où l'on engraisse le plus de bœufs. La Touraine, au contraire, n'en engraisse pas beaucoup. Ces derniers sont d'une taille élevée et ont un poil brun ou blond.

Les bœufs du Poitou, de l'Angoumois et de la Saintonge sont gros, surtout ceux qu'on élève dans les marais. Ceux qui habitent ces deux dernières contrées n'ont pas un poids proportionné à leur grande taille, ce qui dépend de la texture lâche de leurs fibres.

Les bœufs du Périgord et du Quercy, engraissés au foin, sont de haute taille et ont le poil rouge ou blond, et les cornes grandes.

Engraissés à l'herbe pendant l'été, et en hiver au foin, les bœufs du Berry sont de moyenne race ; ils sont d'un pelage blond, excepté ceux de la Creuse, qui ont le poil d'un blanc cendré, et quelquefois d'un rouge vif.

Dans l'Auvergne, les bœufs peuvent être divisés en trois classes; mais la race de montagne, connue sous le nom de *Salers*, surpasse les deux autres par sa force, sa vigueur, la beauté de sa taille et ses facultés laitières.

Nous voici arrivés à la plus belle des espèces bovines du Midi et à la plus grande de celles d'Europe, la race agenaise, qu'on a vu figurer en grand nombre au concours régional, et qui frappait les regards par ses formes harmonieuses et colossales, par la force de ses membres, la largeur de sa poitrine, la couleur de sa robe d'un rouge froment (alezan clair), plus foncé aux épaules et à l'encolure, plus clair sur le dos et les reins.

Cette race est sans contredit le meilleur type de l'espèce bovine ; elle se divise en deux catégories assez distinctes.

La race *garonnaise*, que l'on rencontre sur les bords du fleuve, est la plus grande et la moins estimée ; sa taille dépasse quelquefois 1 mètre 70 c. Peu aptes au travail, les bœufs garonnais se fatiguent facilement. Leur engraissement est lent et rarement complet, quoiqu'ils consomment beaucoup.

La race dite *du côteau*, très répandue dans les arrondissements de Marmande, d'Agen et de Villeneuve, est plus petite et moins conformée que la précédente ; ses formes sont plus régulières et la corne de ses pieds plus dure. Les bœufs du Côteau sont plus sobres et d'un entretien moins dispendieux que ceux de la race garonnaise, qui consomment un tiers de plus d'aliments. Ils résistent plus longtemps à la fatigue et s'engraissent avec plus de facilité.

Cette race tend de plus en plus à remplacer avantageusement celle de Garonne, car elle réunit toujours les suffrages du jury chargé de distribuer les primes accordées par le gouvernement.

A part la beauté de ses formes et son aptitude au travail, la race agenaise peut être très bonne pour la boucherie, mais son engraissement coûtera plus cher que

celui de nos espèces du pays parce que son alimentation est beaucoup plus considérable.

D'une couleur brune, plus foncée aux épaules et à la
tête, la race gasconne, qui habite principalement dans
les départements du Gers et de la Haute-Garonne, se
distingue par ses membres forts, courts et nerveux, son
pied petit et solide, ses épaules fortes, son ventre volu-
mineux, sa tête courte et carrée, son encolure forte,
son fanon ondulé jusqu'aux genoux.

Les divers travaux et le régime alimentaire auquel
ces animaux sont soumis dans certaines localités est
la cause des nombreuses variations de taille qu'on remarque dans cette espèce. Ainsi, selon les soins que
l'on donne à cette race, on peut lui donner plus ou moins
d'aptitude à l'engraissement et lui faire prendre plus
de volume.

Beaucoup d'agriculteurs de notre pays préfèrent
d'ailleurs le bœuf gascon au bœuf agenais pour les
travaux des champs; ils lui trouvent plus de vigueur,
plus d'énergie et de rusticité.

Après la terrible épizootie de 1774 qui décima l'espèce bovine dans plusieurs provinces de la France, et
notamment le long des Pyrénées, la race gasconne s'introduisit dans l'Ariége et devint la tige de la plupart
de celles qui peuplent aujourd'hui ces contrées. Quoi
qu'il n'y ait pas entre ces races une grande ressemblan-
ce, celles de l'Ariége et des Pyrénées doivent leur transformation au changement de climat et de nourriture;
cette dernière est devenue plus petite et plus agile que
la race gasconne, c'est-à-dire qu'elle s'est conformée
aux habitudes que le séjour des montagnes lui a fait
contracter.

Mais tandis que la vache de Gascogne a toujours

conservé des qualités laitières médiocres ; celle des Pyrénées, au contraire, a vu s'augmenter considérablement la production de son lait. Ce fait paraît s'expliquer par le développement du tempérament lymphatique provoqué par l'humidité des montagnes et par le genre de fluxion favorable à la secrétion laiteuse dû, comme nous l'avons dit en parlant de la vache bretonne, à la traction incessante opérée pendant plusieurs années.

Il nous reste à dire un mot sur la race de Lourdes, qui paraît être une variété de la race agenaise avec laquelle elle a beaucoup d'analogie.

La race de Lourdes est connue principalement par la qualité supérieure de ses vaches laitières et par son facile engraissement. Ces vaches ont la croupe large, le corps long, et sont bien conformées. Les croisements que l'on a tentés avec la race agenaise ont produit d'heureux résultats, qui ont eu pour effet d'accroître le volume et la valeur des veaux de lait.

Examen du Concours.

Le concours de l'espèce bovine a dépassé toutes les espérances. 70 taureaux de diverses races, la plupart d'une grande beauté, avaient été admis dans les vastes écuries de la Caserne monumentale. Les races gasconne et agenaise pures étaient les plus nombreuses; la première représentée par 28 individus, la deuxième par 22. Cette dernière race offrait des produits très remarquables. 2 agenais-gascons figuraient aussi au concours. La race de Lourdes était représentée par 3 tau-

reaux; celle du Périgord manquait entièrement. 15
animaux classés dans les races diverses appartenaient
savoir : 3 aux anglo-bretons, 11 aux périgourdin-
agenais, un seul aux carolais.

Les départements qui avaient fourni les bêtes bovines
sont les suivants, classés, selon leur importance, dans
un ordre décroissant : 1º Haute-Garonne, 2º Lot-et-
Garonne, 3º Gers, 4º Gironde, 5º Tarn-et-Garonne, 6º
Ariége. 33 taureaux appartenaient à la Haute-Garonne,
22 au pays de plaine, 11 à la partie pyrénéenne du département.

La haute stature, les formes régulières du taureau
agenais attiraient les regards des nombreux visiteurs.
Nous avons plus particulièrement considéré la loge
nº 11, occupée par un beau type de la race agenaise,
d'une conformation irréprochable, quoique sa cuisse
nous ait paru un peu trop fendue; ses membres étaient
parfaitement d'aplomb.

Les animaux des loges nos 7, 9 et 21, tous du département de Tarn-et-Garonne, semblaient appartenir au
genre métis des environs de Nérac. Leur couleur était
d'un rouge brun et alezan clair nuancés, et les crins de
la queue et du sabot plus foncés encore. Bonne conformation.

Les nos 4 et 16, élevés l'un dans la Gironde et l'autre
dans le Lot-et-Garonne, semblaient tenir de l'espèce garonnaise. Ils se distinguaient par leur belle taille, mais
ils portaient mal leur tête; ils avaient la poitrine étroite,
les cuisses plates et la hanche trop saillante. Poil alezan
foncé.

La loge nº 13 renfermait un animal de proportions
athlétiques : haut d'un mètre 70 centimètres, accusant
néanmoins plus de trois années d'âge. Comme le précé-

dont, sa conformation était un peu défectueuse. La tête longue, brusquée, les genoux rentrants, les onglons écartés sont communs à l'espèce qu'il représente, très propre, au reste, au travail qui nécessite l'action de sa masse.

Parmi les taureaux gascons, nous mentionnerons en première ligne les nos 39 et 40. Ces beaux animaux, vrais types de la race, ont été envoyés des environs de Toulouse par un agronome connu dans nos concours. On remarquait parfaitement leur caractère distinctif : tête carrée et courte, yeux vifs, naseaux bien dilatés, encolure forte, membres courts et nerveux.

Les nos 71 et 35, occupés par de beaux taureaux élevés à Samatan (Gers) et à Boulogne (Hte-Garonne), offraient de l'intérêt par leurs belles formes. Le corps était allongé, la croupe étroite, les épaules très prononcées, le pied petit et solide en apparence.

La loge no 56 renfermait un très beau taureau venu de Lisle-en-Jourdain, qui se faisait remarquer surtout par sa tête courte, son front large, la corne forte et bien dirigée, le sabot petit ; le pelage, brun foncé, offrait des nuances ombrées d'un bel effet dans les membres antérieurs.

Enfin, le taureau Carolais ou de Cerdagne, introduit dans nos montagnes pour régénérer la race, était le seul de cette espèce, et a attiré notre attention particulière par son aspect animé, son encolure courte et son fanon ondulé et excessivement pendant. Les membres de cet animal étaient forts, le jarret bien fait et le pelage du plus beau noir.

Telles sont les remarques que nous a suggérées l'examen rapide de divers taureaux qui ne devaient pas demeurer plus de 24 heures dans nos murs. Nous nous sommes plus particulièrement arrêtés aux animaux qui se faisaient le plus distinguer par leurs formes et leur taille dans les races agenaise et gasconne. Mais cet examen ne pouvait être que physique. Quant à leurs autres qualités, nous n'avions pas les moyens de les reconnaître, car il ne nous a pas été possible de voir ces animaux en liberté, c'est-à-dire dans leurs allures naturelles.

La race anglaise Durham a vivement intéressé tous les visiteurs par sa nouveauté; elle a été aussi de notre part l'objet d'un sérieux examen. Les deux animaux pur sang, alezan foncé, provenant du haras du Pin et élevés dans le village de Saint-Agne, près de Toulouse, paraissaient chétifs, quoique l'un d'eux fût assez bien établi.

Quant au taureau Durham qui occupait la loge n° 33, on a facilement reconnu un élève de la belle vacherie de M. le docteur Audouy, membre de la société d'agriculture de la Haute-Garonne.

La race anglaise, comme on sait, est remarquable par son aptitude à prendre beaucoup de graisse. De bons fourrages doivent lui venir en aide et développer autant que possible cette précieuse faculté. Le Durham, comme bœuf de travail, ne peut pas convenir à notre climat, et l'on ne doit chercher qu'à garnir de graisse les mailles d'un tissu cellulaire très élastique et, par conséquent, très disposé à se gonfler.

Le rendement de la viande chez les Durham est supérieur à celui des races agenaises et peut être évalué à environ 10 p. cent en sus, en observant encore que les morceaux de viande sont moins chargés d'os et possèdent relativement plus de matière nutritive que les animaux de l'Agenais.

Croisée avec la vache bretonne, qui, comme on sait,

est très maigre, la race Durham lui donnera plus de
graisse; mais, si le croisement se prolongeait trop longtemps, il pourrait diminuer peu-être ses facultés laitières.

D'un autre côté, le taureau Durham, pour prospérer
dans notre contrée, a besoin d'une alimentation nutritive et choisie. En un mot, il faut qu'il retrouve
chez nous les gras herbages de l'Angleterre.

Les deux races agenaise et gasconne adoptées généralement dans notre département, l'une pour la boucherie et l'autre pour le travail, ont été croisées depuis
peu, et l'on a obtenu un produit qui réunit les qualités
de ces deux espèces. Cependant le climat des Pyrénées
ne favorisant pas le maintien de leurs bonnes qualités,
on a tenté avec un grand succès l'introduction du taureau carolais dans les cantons de Saint-Béat , de Lu-
chon et de Boulogne (1). Grâces à la persévérance dont
sont doués beaucoup d'éleveurs de notre département ,
la race bovine n'est plus dans l'état de dégradation où
on la voyait il y a à peine quelques années.

_____

(1) Une commission instituée par M. le préfet est chargée
du soin d'améliorer l'espèce bovine. Elle fait chaque année
des achats d'étalons dans l'Agenais et la Gascogne, et orga-
nise les diverses stations. On se rappelle que les résultats
avantageux signalés depuis peu de temps parmi les espèces
de l'arrondissement de Saint-Gaudens sont dûs aux soins
éclairés de M. de Randal, vice-président de la société d'agriculture de la Haute-Garonne, qui voulut bien, en 1843, aller
puiser lui-même dans la Cerdagne française les taureaux qui
devaient régénérer l'espèce de plusieurs cantons pyré-
néens.

RACE OVINE.

Considérations générales.

L'une des principales causes de la prospérité agricole, industrielle et commerciale, est, sans contredit, l'élève des bêtes ovines. Par leurs engrais et leurs bons produits, les troupeaux permettent au cultivateur de se livrer à la grande culture, et surtout à la culture perfectionnée ; car, outre ces avantages, ils broutent l'herbe beaucoup plus près du sol que les bœufs et les chevaux et trouvent des moyens suffisants d'existence là où les autres espèces d'animaux deviennent chétives et d'un faible rapport.

La France, qui fournissait autrefois aux peuples qui nous entourent tous les draps fins qu'ils consommaient, possédait depuis un temps immémorial des races ovines remarquables par la longueur et la finesse de leur laine. Les plus renommées étaient celles du Roussillon, du Berri et de la Flandre.

C'est au mode de conduite pratiqué en France pour les bêtes à laine qu'est due la cause de leur abâtardissement. Plusieurs hommes éclairés, parmi lesquels figurent d'Etigny et Daubenton, frappés de l'état de décadence de nos troupeaux, tentèrent, vers la seconde moitié du dernier siècle, de les améliorer par des croisements avec les races transhumantes d'Espagne.

En 1786, le gouvernement acheta 380 mérinos, qui furent placés dans la bergerie de Rambouillet et qui sont devenus l'objet d'un grand nombre d'observations et d'expériences. Mais ce n'est qu'en 1795, par suite du traité de paix fait à Bâle entre la France et l'Espagne, que celle-ci consentit à nous livrer quelques milliers de ces animaux, auxquels nous sommes redevables aujourd'hui des magnifiques troupeaux qui fournissent de si belles laines à nos fabriques.

La supériorité incontestable de cette superbe race fit monter successivement le prix des béliers. On les livra gratuitement dans les premières années, et quelques temps après ils furent vendus 50 fr. chacun. Mais vers 1797, par suite des troubles politiques, on commença de les vendre à l'encan; et les prix se sont ensuite tellement accrus qu'en 1830, un bélier dont la laine n'était pas la plus fine a été vendu 3,600 fr. Aujourd'hui ces prix ont été considérablement diminués.

Dans le but de hâter la métisation, le gouvernement établit d'abord sur divers points des dépôts d'étalons de race pure qu'on distribuait gratuitement pour le temps de la monte aux possesseurs de troupeaux indigènes. Ces béliers, mal soignés, mouraient pour la plupart; et l'on supprima ces dépôts.

Mais depuis lors, la multiplication des mérinos et la création de bergeries nationales dans quelques départements, ont puissamment secondé les efforts des éleveurs pour la naturalisation et la propagation des races étrangères.

Il existe maintenant peu de propriétaires qui ne possèdent soit des mérinos, soit des métis; et si le gouvernement vient en aide aux éleveurs, on peut espérer d'obtenir une race de bêtes à laine bien supérieure à nos races indigènes.

Examen du concours.

Quoique les animaux de l'espèce ovine ne présentassent en particulier rien de très remarquable, le concours était nombreux et généralement satisfaisant.

Douze individus appartenaient à la race mérine, 65 aux métis mérinos croisés avec la race du pays, et quelques-uns, mais en petit nombre, avec l'espèce anglaise; enfin, 21 appartenaient à la race à laine longue.

C'est dans les métis que se trouvaient les plus beaux animaux. Les mérinos purs leur étaient inférieurs. Nous avons cependant observé, parmi ces derniers, quelques sujets qui avaient une laine très fine, douce, élastique et bien tassée. Les bêtes portant les nos 15 et 16, élevées dans la Haute-Garonne, aux portes de Toulouse, et les nos 8 et 10, venus des Pyrénées-Orientales, ainsi que quelques autres dont le numéro nous échappe, se distinguaient par la rougeur et la douceur de leur peau, les yeux vifs, la laine frisée et abondante. Le no 90, provenant du croisement d'un mérinos avec un bélier de la race anglaise Dishley, était d'une grande taille et avait une laine fort douce, mais un peu jaune, ce qui pouvait provenir, au moins en partie, de la grande quantité de suint.

Plusieurs agronomes éclairés, d'accord en cela avec les éleveurs, mais en contradiction avec M. de Gasparin, soutiennent que les mérinos sont incontestablement inférieurs aux races indigènes, tant pour la qualité de la chair que pour leur aptitude à l'engraissement. Partant de ce fait, prouvé généralement par l'expérience, quelques propriétaires ont tenté avec le plus grand succès le croisement avec les races anglaises Dishley, de

Leicester et de South-Down. Les produits se sont ressentis des qualités du père sans rien perdre de celles de la mère ; ils sont devenus plus grands, plus charnus, et leur laine a encore gagné en longueur.

Mais dans le but d'améliorer également la race ovine des contrées pyrénéennes, race qui possède une laine longue et une belle taille, mais qui n'a pas des dispositions à s'engraisser, un croisement opéré avec les béliers anglais ne pourrait être que très avantageux, car, tout en donnant de la finesse aux laines, il augmenterait considérablement la production de la viande de boucherie.

Les bêtes ovines à laine longue que nous avons vues au concours venaient toutes des départements de la Haute-Garonne, de l'Ariége et du Gers. Ces animaux ont, comme on sait, beaucoup d'analogie avec la race du Roussillon, la plus belle des anciennes races du midi de la France ; ils ont, en outre, une laine plus longue mais sans finesse, et une taille plus avantageuse. Les plus beaux types que nous ayons remarqués portaient nos 30, 50, 54 et 99.

Abandonner à l'industrie privée l'amélioration de notre espèce ovine par le croisement des races anglaises, ce serait retarder indéfiniment ce perfectionnement si désirable. Le propriétaire ne fera pas 300 lieues pour se procurer des étalons d'un prix fort élevé, et dont l'acclimatation lui paraîtra douteuse.

La création d'une bergerie nationale serait le moyen le plus efficace à mettre en pratique pour obtenir ce résultat. Et lorsque les départements du nord de la France, dont la population ovine est inférieure d'un tiers à celle du Midi, possèdent quatre bergeries nationales, nous ne pouvons être déshérités plus longtemps d'une institution dont l'influence favorable se ferait ressentir dans nos contrées, et qui augmentera considérablement la valeur et les produits du sol français.

RACE PORCINE.

Considérations générales.

L'engraissement du porc domestique n'étant qu'un objet de commerce, l'éleveur devrait rechercher la race qui peut s'accomoder d'aliments économiques, qui soit d'un tempérament robuste et d'une croissance prompte.

Cependant on ne s'occupe depuis longtemps que de la propagation du *porc noir à jambes courtes*. A peine si l'on commence les croisements de la race indigène avec les races étrangères. On n'est même point fixé sur ses résultats.

Parmi les porcs qu'on a élevés en France et qui sont souvent d'une grandeur extraordinaire, on cite *l'Anglais*, introduit par M. le duc Decazes, le *Normand*, le *Dunois* et *l'Allemand*, qu'on engraisse dans le nord. La petite espèce, ordinairement très féconde, comprend le *porc chinois* et le *porc noir à jambes courtes*. Les croisements de la grande espèce avec la petite ont produit une race moyenne qu'on désigne sous le nom de *porc bigarré* et de *porc de Mongolie*. Ceux qu'on élève dans le Périgord, la Marche, le Bourbonnais et le Poitou, appartiennent à la race moyenne.

On reconnaît ordinairement la bonne conformation d'un porc lorsque la hure est courte et tronquée, les yeux vifs, les oreilles longues et pendantes; le cou épais, les extrémités postérieures plus relevées que les antérieures, le corps allongé, le ventre pendant, les jambes courtes et la queue longue. Le grand nombre des mamelons détermine la fécondité.

Le pelage n'est point comme quelques personnes le croient encore un indice de bonne ou mauvaise qualité; car la maladie particulière aux porcs atteint, quand on néglige de tenir l'étable propre et de les laver souvent, aussi bien les noirs et les tachés de noir, qu'on dit robustes, que les blancs, les bigarrés et les roux qui passent à tort pour plus délicats. Nulle part on ne prend plus de soins en France de l'élève des porcs que dans les montagnes du Cantal.

Ce sont ces animaux qui arrivent chaque année dans nos contrées méridionales, et que l'on expédie pour l'Espagne.

Examen du Concours.

La race porcine représentait la partie la plus faible de l'exposition d'animaux et aussi la moins intéressante. 10 verrats de l'espèce indigène et un seul de race anglaise occupaient le côté droit de l'écurie des béliers; tous de l'âge d'un an à deux. Ils étaient conduits des cantons de Boulogne, de Caraman et de Lanta (Haute-Garonne); 3 avaient été élevés hors du département.

Ces animaux, dont il est difficile de maîtriser les mouvements quand ils sont en liberté, et dont le regard est toujours farouche, paraissaient fortement éprouvés par la fatigue. Dans leur ensemble, on ne voyait pas de l'animation, ils ne poussaient aucun cri, et la prostration constante de tous rendait leur examen moins facile. Leur stature était petite —trois ou quatre seulement de taille moyenne, désignés par les nos 7, 9 et 10, étaient bien formés —leur croupion assez large, les jambes fortes et courtes, le ventre arrondi et pendant, les soies rudes. La grande race manquait. Le verrat anglais n° 6, qu'il nous semble avoir reconnu pour l'espèce d'Hamsphire, a été élevé dans le département du Gers. Il ne paraissait pas être encore entièrement développé, circonstance qui a dû excuser, aux yeux des connaisseurs, sa petite taille. Nous avons distingué son cou très fort, ses jambes courtes, ses soies épaisses et son corps beaucoup moins allongé que celui de l'espèce vulgaire. Les panachures de sa robe avaient fait supposer à bon nombre de visiteurs qu'il appartenait à la race chinoise, acclimatée dans quelques localités du département, et que l'on néglige à cause du peu de profit qu'elle donne et des dégâts qu'elle cause dans les cultures.

Les verrats sont rares dans la Haute-Garonne ; des communes qui nourrissent un grand nombre de porcs en sont souvent privées, et les éleveurs parfois obligés de mener les femelles à de grandes distances pour les faire saillir.

CONCLUSIONS.

Si nos vœux pour la transformation d'une circonscription plus normale sont entendus, et que les départements limitrophes de la Haute-Garonne viennent remplacer ceux plus éloignés de la Charente, de la Vienne, etc., etc., la race bovine du Périgord, comprise dans le programme de cette année, qui n'a point été représentée au concours, le sera encore moins en 1852.

Il est donc à désirer que notre concours ne perde pas de son importance et que le prochain programme indique une des espèces particulières à notre contrée, celle asine, par exemple, en vue de l'amélioration de la race mulassière si propre aux travaux agricoles.

L'encouragement qu'on semblerait dès lors donner à un croisement improuvé par les hippiâtres serait une exception aux règles admises par eux pour l'amélioration de la race équine, mais on atteindrait mieux, ce nous semble, le but que M. le ministre s'est proposé en fondant des primes destinées aux animaux employés en agriculture. Dans la contrée sous-pyrénéenne le transport des récoltes brutes ou manufacturées se fait presque tout par la race mulassière. Nos terres de plaine permettent aussi son emploi avec célérité dans le travail et économie dans la nourriture. Difficilement on détournera l'agriculteur de l'élève du mulet, car il y trouve des bénéfices.

Que de plus expérimentés que nous indiquent un milieu favorable entre le bien et le mal. Si le mieux est inaccessible, trouvera-t-on l'*assez-bien*, en admettant une *race agricole* et une *race noble* qu'on favoriserait relativement à leurs conditions particulières et à leur utilité?

L'espèce chevaline n'a obtenu cette année qu'une dixième part de la prime accordée à trois genres d'animaux reproducteurs; elle devrait bien, à l'avenir, entrer pour un tiers dans la distribution totale. Nous voudrions aussi que la récompense accordée au propriétaire du taureau primé, ou du bélier, l'obligeât à conserver un certain temps son animal pour la reproduction. A regret, à ce dernier concours, on a vu conduire de beaux animaux des écuries de l'exposition aux abattoirs. Un

fait semblable ne se reproduira pas quand on l'aura
prévu. Les éleveurs connaîtront mieux la pensée du
gouvernement et ne rechercheront pas une double récompense quand on leur dira qu'il est déloyal de prendre la prime d'une main et l'argent du boucher de
l'autre.

INSTRUMENTS ARATOIRES ET MACHINES AGRICOLES.

Les instruments et machines agricoles, au nombre
de 42, ont été confectionnés dans les départements de
la Haute-Garonne, du Gers, du Tarn-et-Garonne, des
Pyrénées-Orientales, de la Gironde et de l'Ariége. Ils
consistaient principalement en charrues proprement
dites, grappins, herses et émottoirs, quelques-uns remarquables par leur nouveauté ou par les modifications
utiles qu'ils ont reçues. Au sujet de ces derniers seulement, nous entrerons dans quelques détails.

Parmi les machines exposées, il en était qui sont peu
usitées dans les pratiques agricoles de nos contrées.
Nous aurions désiré pour celles-là pouvoir nous livrer à
un examen autrement que théorique; mais le temps
nous a manqué, et nous avons cru ne pouvoir mieux
faire que de nous former une opinion des appréciations
du remarquable rapport fait par M. de Randal, prési-
dent de la 2e section du jury, dans la séance publique
de la distribution des récompenses, ainsi que de quelques expériences exécutées le lendemain du concours
devant la société d'agriculture, sous la direction de M.
le capitaine Bosquet, un de ses membres.

Parmi les fabricants qui ont le plus simplifié et adapté à nos usages les instruments de Roville et de Grignon, M. Rouquet, de Toulouse, se place au premier rang.

Il y a peu d'années, on ne connaissait encore dans nos contrées que l'araire, la charrue du pays avec soc, à deux ailes très étroites, recourbées en dessous; et dont le coutre, mal disposé, ne faisait que déchirer imparfaitement le sol. Dans les départements voisins on faisait usage de charrues n'ayant qu'une seule aile horizontale; elles étaient peut-être moins mauvaises que la précédente, mais le soc était trop étroit, le versoir défectueux, et comme elles étaient montées sur bois, elles nécessitaient des réparations incessantes et dispendieuses.

Un agriculteur distingué, M. Lacroix, fut le premier qui s'appliqua à la fabrication des instruments perfectionnés. Il modifia et appropria à notre sol la charrue Dombasle; il imita la charrue à deux versoirs, la houe à cheval, le scarificateur, l'extirpateur, dont il dota notre pays.

M. Rouquet, son élève et son successeur, trouvant d'abord la charrue Lacroix, en fer fondu, trop cassante et un peu compliquée, l'a exécutée en fer forgé et simplifiée de manière à lui donner presque les formes de l'ancienne araire. C'est cet instrument, connu sous le nom de *charrue-Rouquet*, qui a été généralement adopté dans le Midi; il est très simple, travaille la terre d'une manière régulière au moyen de son régulateur et il la retourne avec facilité. Le coutre de cette charrue, fend la bande de terre perpendiculairement; le soc la coupe dans le sens horizontal, de sorte qu'elle est presque entièrement détachée quand le versoir la renverse.

Novateur heureux et intelligent, M. Rouquet vient de
créer une charrue que nous avons vue au concours régional. La pointe du soc est remplacée par une tringle,
pièce de fer carrée de 0,018^m sur ses côtés et de 0,70^c
de long ; cette tringle, pointue à ses deux extrémités, est
maintenue en place au moyen d'une rainure pratiquée
à la pointe du sep et par l'ouverture faite dans l'arc-bou-
tant qui soutient le versoir. On peut renverser la tringle sur ses 4 faces, et si elle vient à s'émousser, il n'est
besoin que de la retourner pour qu'elle puisse servir
immédiatement.

Les sillons ouverts par la charrue Rouquet sont d'une
largeur à peu près égale à leur profondeur qui est de
0,24 et la force de traction nécessaire pour la mettre en
mouvement est équivalente à celle qu'il faudrait employer pour soulever un poids de 250 à 300 kilogrammes.

Le principal avantage de cet instrument consiste dans
l'économie de son entretien, puisque la tringle qui est la
partie qui s'use le plus vite peut être utilisée par ses
deux extrémités et sur ses diverses faces ; on peut, en
outre, pourvu qu'on ait à sa disposition des pièces de rechange, remplacer successivement deux parties du versoir qui se démontent. Le soc lui-même peut servir
sur ses deux côtés et se retourner comme la tringle.

Les quatre charrues envoyées par M. Terrancle, de
Montauban, reproduisent à peu près le modèle perfectionné par M. Rouquet, à l'exception de la tringle,
pour lequel ce dernier est breveté. M. Terrancle a d'ailleurs propagé dans le Tarn-et-Garonne des instruments
perfectionnés qui, bien exécutés du reste, ont obtenu des
encouragements des comices agricoles du département.

Le système Rouquet se retrouve encore dans la charrue conçue par M. Téqui, propriétaire à Cintegabelle et exécutée par M. Bourrel, forgeron à Villefranche. Pénétré de cette vérité avancée par Thaër que la charrue doit pouvoir être réglée de manière à faire des sillons d'une largeur et d'une profondeur plus ou moins grandes, M. Téqui a rendu mobile l'âge de cet instrument, comme cela se pratique sur divers points de la France.

Une autre charrue à âge long et mobile, avec régulateur, est due à M. Dumas, de Lisle-en-Jourdain, qui a adopté le système Dombasle en y apportant des modifications nécessitées par la nature du sol du département du Gers.

On ne distingue aucune innovation dans la charrue fabriquée, d'après le système Rouquet, par M. Vié, de Montjoire. On remarque seulement qu'elle est bien exécutée et dans de bonnes proportions.

MM. Toussaint et Rigade, de Saverdun (Ariége), semblent avoir eu la même pensée dans la construction de leurs charrues, qu'ils ont cherché à approprier autant que possible aux besoins de l'agriculture locale, en donnant aux propriétaires les moyens de les convertir en araires, par un corps de rechange qui se place ou se démonte à volonté (1).

A moins que l'expérience ne démontre le contraire, nous ne croyons pas que la charrue entièrement privée de sep, envoyée au concours par M. Pendaries, puisse fonctionner avec quelque régularité. Nous avons vainement cherché à comprendre l'absence de cette partie importante qui fait la base de l'instrument.

La charrue en bois de M. Rozes, de Toulouse, est celle

---

(1) Voir les détails de la charrue Toussaint dans notre *Revue de l'exposition toulousaine.* — 1850. — Page 274.

qui a toujours fonctionné sans aucune modification notable, et quoique le prix de revient ne soit que de 16 fr. nous n'y trouvons pas assez de perfectionnement pour en conseiller l'usage.

GRAPPINS.

Le grappin est un instrument destiné à remuer et ameublir le sous-sol, afin de le mettre en contact plus ou moins immédiat avec l'air et les principes fécondants qu'il peut absorber. Celui que M. Rouquet a exposé se compose d'un disque en fer, acéré intérieurement, et qui peut remplacer à la fois la coutelière et le coutre de la charrue; il est armé d'un petit soc, d'un versoir peu prononcé et d'un mancheron fixé sur le côté intérieur du soc. Le sillon qu'il trace dans la raie déjà ouverte par la charrue, a une profondeur de 0, 22, ce qui donne un labour de 0,45, en ajoutant cette profondeur à celle produite par la charrue.

Mais les agriculteurs ont reconnu que dans cet état le grappin, qui nécessite quelquefois pour sa traction plusieurs paires de labourage, ne pouvait fonctionner avantageusement ou avec régularité que pour le défrichement d'une prairie naturelle ou d'un chemin. M. Rouquet a obvié à cet inconvénient, en plaçant à la partie supérieure de l'âge une roue qui modère les écarts du grappin et le fait marcher en ligne directe, ce qui n'avait pas lieu auparavant.

Ce que nous avons dit pour la charrue de M. Terrancle, peut s'appliquer à son grappin qui est exécuté d'après celui dont nous venons de parler.

HERSES.

Une herse d'un nouveau modèle et d'un genre tout-àfait différent de celles usitées depuis longtemps en agriculture, a encore été exposée par M. Rouquet; elle est d'une forme toute singulière, et paraît devoir produire de bons effets. Son auteur l'a désignée sous le nom de *herse à disque*.

En effet, c'est bien le disque décrit par Virgile, que M. Rouquet a armé de dents pour le rendre propre aux hersages. Cet instrument consiste en une pièce de bois au-dessous de laquelle sont placés deux cylindres en fer servant d'axe à deux disques d'une grandeur égale, et rangés sur la même ligne. La moitié de chacun de ces disques, c'est-à-dire la partie inférieure comprise entre le centre de la circonférence et l'extrémité du rayon, repose sur le sol, tandis que l'autre reste naturellement soulevée pour permettre la rotation. Cette machine, traînée par un attelage de bœufs, produit à l'œil l'effet d'une paire de laminoirs; les mottes de terre sont pulvérisées avec la plus grande facilité par cette herse, dont le mouvement circulaire horizontal est inverse de celui produit par les rouleaux-émotteurs employés depuis longtemps.

Cet instrument, d'une conception ingénieuse, pourra, au moyen de quelques perfectionnements qu'il sera facile à M. Rouquet d'y introduire, être préféré par les agriculteurs à tous ceux employés jusqu'à ce jour aux hersages.

SEMOIRS.

Nous connaissons depuis longtemps le mérite de M. Llanta, mécanicien à Perpignan, et nous espérions qu'il aurait envoyé au concours régional diverses machines agricoles différentes du semoir par lui exposé, qui ne présente pas d'amélioration ou de perfectionnement remarquable.

ROULEAUX-BATTEURS.

Depuis les temps les plus reculés, on a imaginé des rouleaux pour battre les gerbes de blé, afin d'en dégager les grains. Le premier qui a été imaginé paraît être un cylindre en bois armé de dents saillantes et isolées, imprimant tout à la fois pression et secousse. Plus tard, pour augmenter la pesanteur, on substitua aux rouleaux de pierre les rouleaux de bois, qui furent d'abord prismatiques, puis cannelés et enfin cylindriques.

De nos jours, beaucoup de mécaniciens se sont occupés de fabriquer des rouleaux qui pussent ajouter l'action du battage à celle de la pesanteur, c'est-à-dire qui permissent de suppléer entièrement à l'action des fléaux, en conservant les avantages des rouleaux. Plusieurs appareils, qui remplissent plus ou moins leur but, ont été construits; celui qu'a présenté M. Carolis, mécanicien à Toulouse et qu'il nomme *rouleau dépiqueur à fléaux* semble, par son genre particulier de construction, devoir grandement activer l'opération du battage. Le calcul que nous avons fait de sa vitesse par la multiplication des engrenages dont il est pourvu, donne 700 coups de fléau environ par minute. Ce résultat est assurément concluant. Mais nous n'avons pu expérimenter nous-mêmes la machine par le traitement des gerbes en grain. Au rapport de l'inventeur, elle doit, au moyen d'une paire de bœufs, facilement égrener, dans un espace de trois heures, 400 gerbes.

Il serait à désirer que M. Carolis, déjà connu par la supériorité de ses machines, puisse expérimenter cette année, en présence d'hommes spéciaux, le rouleau qu'il a inventé et duquel nous avons une excellente opinion.

FOULOIR-ÉGRAPPEUR.

La nécessité d'égrapper le raisin, mise longtemps en discussion par plusieurs agronomes, semble résolue depuis que l'on reconnaît que la conservation de la grappe communique une saveur âpre au moût.

Dans le midi surtout, où le vin possède un goût agréable et un parfum exquis, les œnologues se sont étudié à écarter tout ce qui pouvait altérer ces précieuses qualités. Parmi ceux qui ont conseillé l'égrappage pour conserver la délicatesse du vin et sa couleur, et qui ont appuyé cette saine théorie d'une longue pratique, nous signalerons M. Peyronnet, de Saint-Pons (Hérault), inventeur du *Fouloir-Égrappeur*.

A la dernière exposition de Toulouse, nous avons vu un petit modèle de cette machine. Cette année, elle a été envoyée au concours construite en grand (1). Les agriculteurs venus à notre fête régionale connaissaient tous le fouloir-égrappeur, qui est populaire dans plus d'un centre vinicole; comme nous, ils ont pu remarquer le perfectionnement qu'il a reçu tout récemment de son inventeur. Ainsi les cylindres et les coussinets en bois étaient facilement arrêtés dans leur jeu par la liqueur qu'ils absorbaient durant l'opération du foulage. Ces parties de la machine sont établies aujourd'hui en fonte de fer et en cuivre; elles peuvent fonctionner avec beaucoup de promptitude et de facilité. Nous avons déjà fait connaître la construction du fouloir, ce qui nous dispense de l'écrire de nouveau (2). Mais à côté de

(1) Le fouloir-égrappeur, bien que fabriqué à Toulouse, n'a pu être monté qu'après l'ouverture du concours, et il n'a pu prendre place dans la galerie des instruments agricoles ouverte au public.

(2) *Revue de l'exposition industrielle de Toulouse.* — 1850. — Page 277.

l'égrappage perfectionné, nous mentionnerons le résultat d'une expérience à laquelle nous avons assisté au
mois d'octobre dernier, et qui assure une économie de
temps considérable par le nouveau genre de foulage :
Une minute, montré en main, a suffi pour l'égrappage complet, le foulage et le rejet des grappes parfaitement nettes, des raisins contenus dans une grande comporte versée à la fois dans le compartiment
supérieur du fouloir. La machine, bien servie, toujours par un seul homme, a donné 50 muids ou 30
hectolitres de vin dans une heure.

En améliorant la qualité des vins et eaux-de-vie, le
fouloir-égrappoir est destiné à rendre de grands services à notre commerce. Il est à désirer que son usage soit
aussi répandu dans nos environs qu'il l'est en cé moment
dans les départements du Sud-Est.

TARARE.

Le ventilateur, longtemps employé à purger les
grains des pelures, des pailles, de la terre, des cailloux
et autres corps étrangers qui altèrent la farine, est
disposé aujourd'hui par quelques constructeurs habiles,
pour expulser les insectes granivores et surtout les
charançons.

L'instrument envoyé par M. Verdier, mécanicien à
Toulouse, faubourg Saint-Cyprien, remplit ce double
but. C'est absolument le tarare de Roville que Mathieu
de Dombasle s'était forcé de rendre le moins coûteux
possible sans nuire à sa solidité ni à la perfection du
travail qu'il exécute, mais perfectionné aujourd'hui
pour l'épuration de la graine de trèfle, de colza et l'a-
voine. Nous ne décrirons pas ce tarare dont on peut
lire l'analyse dans la 8e livraison des Annales de Ro-

ville; nous insisterons seulement sur son utilité et sur sa bonne exécution.

En effet, l'épuration des grains n'est pas seulement une question de commerce, elle résume aussi un motif d'humanité, puisqu'elle assure au négociant un bénéfice de 1 fr. à 1 fr. 25 c. par hectolitre pour un déchet évalué de 10 à 15 c.; qu'elle prévient l'altération du premier produit de notre sol, du premier élément de notre alimentation.

Nous avons vu fonctionner, dans les ateliers de M. Verdier, les tarares qu'il a exposés. Les grains et légumes de toute espèce qu'il a expérimentés ont subi un nettoiement très correct. Le jury du concours a récompensé les travaux de ce mécanicien en lui accordant une médaille d'argent.

Il est à désirer que l'usage du ventilateur perfectionné de M. Verdier se répande le plus promptement possible. Les consommateurs et les commerçants en éprouveront une heureuse influence, car il y aura sur nos marchés une moins grande différence dans les prix des grains lorsque tous auront été classés au moyen de l'épuration, et la qualité des farines ne sera plus subordonnée au degré de propreté de ces derniers.

FOUDRES (1).

M. Cot, fabricant de cuves à Noé (Haute-Garonne), a envoyé un petit foudre rond, en bois, de chêne d'une confection remarquable. Comme tous les foudres que construit M. Cot, l'ensemble de celui-ci ainsi que les détails offrent une grande précision. Les douves qu'il

(1) Le foudre de Noé, arrivé tardivement au concours, n'a pu être exposé.

a employées sont suffisamment fortes, de bonne qualité, bien choisies et assemblées avec soin. Les ouvrages de ce fabricant avaient, au reste, été favorablement jugés à la dernière exposition industrielle de Toulouse.

INSTRUMENTS DIVERS.

Nous n'avons pas jugé nécessaire de trop nous étendre sur les instruments dont les agriculteurs font usage depuis quelque temps et qui doivent leur mérite à leur bonne confection. Nous citerons seulement un *tranche-gazon*, ou machine à défricher les prairies, qui pénètre dans le sol à 10 ou 12 centimètres de profondeur ; un *extirpateur* approprié aux localités du Midi, et qui sert à donner les dernières façons à la terre et à recouvrir les semailles jetées à la volée ; un *scarificateur* destiné à fendre et à ameublir le sol, à passer entre les plantes en ligne : il peut se serrer et s'élargir à volonté, ou recouvrir à plat ; un *rouleau-émotteur*, à pointes, avec dégorgeoir : il possède les avantages du rouleau à spirale sans en avoir les inconvénients ; une *herse à plateaux*, cintrée et armée de couteaux pour servir à l'émottage ; elle peut aussi être utilisée pour recouvrir les semences en plaçant le limon du côté opposé ; enfin une machine pour ramasser les bouquets de la graine de trèfle, et qui peut être traînée par un cheval ; elle permet d'utiliser le fourrage et simplifie le travail d'épuration des graines.

Ces divers appareils sont encore dus à M. Rouquet, que nous avons déjà cité.

DESTRUCTION DU NÉGRIL.

La boîte destinée à recueillir le *colaspis atra* qui figure
parmi les machines agricoles du concours, nous rappelle les études faites par M. le capitaine Bosquet pour
la destruction de cet insecte. Ce n'est point, en effet,
lorsque les larves du négril sont développées qu'il est
possible de les chasser ; c'est plutôt, comme l'a fait ob-
server le savant agronome que nous venons de citer,
lorsque l'insecte est à *l'état parfait*. Alors il est moins
nombreux, il n'a pas entrepris ses ravages et il est facile
de le recueillir au moyen d'une boîte qu'on promène
sur les sommités de la luzerne. Le moindre frôlement
l'engourdit et il se laisse tomber. On devrait donc exercer la chasse aux insectes nuisibles lorsqu'ils sont
dans leur complet développement. Cette précieuse indi-
cation fournie par M. Bosquet au sujet du négril serait
probablement applicable à tous les autres insectes qui
infestent les cultures à certaines époques de l'année.
Il est à désirer que les agriculteurs qui n'ont employé
jusqu'à ce jour que des moyens inefficaces de destruction s'inspirent de cet excellent conseil.

APPAREILS CULINAIRES.

M. Affre fils, de Toulouse, a exposé deux appareils
pour la cuisson, à l'eau ou à la vapeur, des aliments
et racines destinés aux bestiaux. Ces appareils, construits
en tôle galvanisée et en cuivre, paraissent très bien éta-
blis. Le prix des premiers varie entre 60 et 70 fr ; celui
des seconds est de 130 et 150 fr. relativement aux di-
mensions. Leur disposition intérieure pour une bonne
concentration de la chaleur diffère peu de celle des
buanderies portatives, fourneaux et chaudières écono-

miques pour bains du même fabricant, dont l'économie domestique fait en ce moment usage.

Les appareils exposés contiennent 150 litres d'eau et cuisent les matières alimentaires en 40 minutes, avec 3 kilogrammes de bois demi-sec. Le calorique du même appareil qui met en ébullition une marmite placée dans la partie supérieure, peut servir à la préparation des aliments des ouvriers de la ferme. Ce nouveau genre de chaudière semble également propre à certaines opérations de la teinture et à toutes les préparations économiques considérables. D'un prix modéré, d'un transport et d'un placement facile, les appareils de M. Affre seront, nous le pensons, très utiles dans les fermes et bâtiments d'exploitation rurale ; l'économie qu'ils assurent, comparativement à l'ancien mode de chauffage, en popularisera l'usage dans nos contrées, et mieux dans les pays houillers, car on pourra les entretenir encore à moins de frais.

PRODUITS DE L'AGRICULTURE.

Les produits de l'agriculture forment la dernière section du concours régional, et à dire vrai, la moins nombreuse. Ils comprennent, au nombre des produits bruts, diverses espèces de céréales et de légumes pour la semence, des plantes économiques pour la nourriture et la thérapeutique des bestiaux, des plantes tinctoriales, des arbres pour la transplantation, des cocons ; parmi les produits manufacturés, du beurre, des échantillons de vins et eaux-de-vie, et des engrais. Nous allons analyser succinctement ces divers produits qui étaient exposés par 7 agronomes des départements de la Haute-Garonne, des Pyrénées-Orientales et de Tarn-et-Garonne.

CÉRÉALES ET LÉGUMES POUR SEMENCES.

Le *blé rouge de pays* récolté à La Villedieu par M. Lamothe-Mouchet, l'un des agriculteurs les plus distingués du département de Tarn-et-Garonne, paraissait fort beau, quoiqu'il fût de moyenne grosseur. Nous avons appris que son rendement était de 15 à 18 pour 1 dans les terres ordinaires, et que l'hectolitre pesait, terme moyen, 80 kilogrammes.

M. Malleville, propriétaire à Villefranche (Haute-Garonne), a exposé un *maïs hybridé* provenant de deux variétés de *maïs blanc*, l'une très productive, mais difficile à sécher, à conserver et de qualité médiocre ;

l'autre belle et recherchée, mais peu productive. Nous avons remarqué le produit, qui est très gros et très bien nourri, ainsi que les productions que M. Malleville avait eu le soin de présenter.

Parmi les divers blés étrangers introduits par lui dans la culture de notre contrée, nous avons principalement remarqué :

1° Un blé découvert dans un ensemencement de céréales venant de la Roumélie, fin, rustique, et qu'on nous a dit ne verser jamais; d'une production qui est à celle du Roussillon comme 38 est à 30, et donnant un tiers de paille de plus que ce dernier.

2° Des épis du *blé Richelle de Naples* blanc, sans barbes, très fin. Cette variété est connue pour être aussi productive que celle du Roussillon ; elle est la plus estimée des blés d'Europe, mais elle craint le froid.

3° Des *blés de Barbarie*, tous très productifs, grands et fort rustiques (épi long et gros, barbes noires persistantes); du *blé de Smyrne*, très curieux par la forme de son épi, et dont l'étonnante production lui a valu le nom *de blé de miracle*; le Taganrok et quelques autres blés durs.

Nous ne pouvons émettre une opinion quelconque sur les avantages de la culture des blés étrangers exposés par M. Malleville. Il lui a été facile de leur donner des soins qu'il n'est pas permis à tous les agriculteurs d'exercer. Au reste, ces variétés sont essayées cette année dans la Haute-Garonne et dans les départements voisins.

A l'égard des blés d'espèces analogues pour le rendement et la qualité qui avaient été introduits dans notre département avant l'expérimentation de M. Malleville,

nous devons dire que le changement et de climat et de
sol a amené une dégénérescence marquée; néanmoins
cette modification a pu, dans certains cas, conserver aux
blés étrangers une supériorité sur les blés du pays; la
culture améliorée ainsi que le renouvellement fréquent
de la semence, ont parfois sensiblement rapproché ce
produit du type.

Les essais tentés par M. Malleville, pour l'amélioration du maïs par hybridation, méritent des éloges. Il
est à désirer qu'il obtienne une acclimatation parfaite
des variétés de céréales, qu'il a le mérite d'avoir ajouté
à nos cultures.

M. Laurent Durand, de Saint-Nazaire (Pyrénées-
Orientales), se livre, depuis plusieurs années, à des études sérieuses pour le perfectionnement des méthodes
agricoles.

Les blés de Roussillon destinés à la semence, présensentés par cet habile agronome, attestent du succès
qu'il obtient pour la conservation de la pureté des espèces. Les essais coûteux auxquels il se livre ne sauraient trop être encouragés. Il serait à désirer que les
propriétaires de notre contrée puisassent chez M. Durand
les semences de leurs céréales, car la dégénérescence
de nos blés serait bientôt arrêtée par l'influence salutaire d'une semence belle, pure, et d'une qualité supérieure.

Les blés et les légumes pour semence de M. Henri
Ferradou indiquent la bonne culture qu'il dirige aux
environs de Toulouse.

PLANTES ÉCONOMIQUES POUR LA NOURRITURE ET LA THÉRAPEU-
TIQUE DES BESTIAUX.

Mme Molinier, de Villefranche (Haute-Garonne), a
exposé des betteraves et des carottes qu'elle cultive en
grand pour l'engraissement du bétail. Ces produits sont
d'une remarquable beauté. Au reste, les agriculteurs
de l'arrondissement savent tous que Mme Molinier a
hérité du savoir agricole de son mari, et qu'elle l'emploie dans l'exécution des meilleures pratiques. M. Molinier introduisit le premier, il y a douze ans, la culture
perfectionnée des racines à l'usage des bestiaux. —
Aujourd'hui on engraisse sur sa propriété un grand
nombre de bœufs et de moutons. 32 ares de terre ont
donné cette année 30,000 kilog. de betterave, pesant
chacune en moyenne plus de 5 kilog.; une semblable
contenance semée en carottes a produit davantage.

M. Avy, de Labastide-Saint-Pierre (Tarn-et-Garonne),
cultive aussi en grand la betterave pour l'engrais et la
nourriture des bestiaux. Les racines qu'il a présentées
sont d'un beau volume. La plus petite pèse 7 kilog.

M. Malleville, que nous avons déjà cité, emploie avec
succès la betterave à la thérapeutique des animaux. Il
a présenté des racines desséchées au four de boulanger,
coupées, dans le sens de leur longueur, en prismes de 3
à 4 centimètres de côté. Ce produit a été communiqué au
directeur de l'École Vétérinaire; on l'étudie en ce moment.

La commune de Fenouillet, où naquit le *miraculeux*
chardon qui orne aujourd'hui les collections tératologi-
ques de la Faculté des Sciences, a produit un autre
type non moins curieux du géantisme végétal. C'est un
pied de navet potager (*brassica napus*) haut de 2 m. 25 c.,

ornant de sa racine, de ses tiges et de ses fleurs la salle
réservée aux produits agricoles. La racine a, dans sa
plus grande circonférence, 1 m. 05 c. Elle est formée de
la réunion naturelle de 13 plantes pourvues les unes et
les autres de leur tige principale.

Cette monstruosité n'est pas rare dans la culture : on
la voit se reproduire toutes les fois qu'il y a concours de
causes physiques anormales. Dans l'espèce, si le remarquable navet, cultivé par M. Binos, offre plus d'intérêt
pour la physiologie végétale que d'utilité pour l'économie domestique, il rappelle cependant les qualités fertiles dont sont doués les terrains des bords de la Garonne.

Les racines fraîches sont précieuses pendant la saison
d'hiver pour la nourriture des bestiaux ; elles tempè-
rent surtout la chaleur nuisible des fourrages secs qu'on
est obligé de leur donner depuis le mois de novembre
jusqu'à celui d'avril ; mais presque toujours la provision
de ces racines dans les fermes devient insuffisante par
la difficulté qu'il y a de les conserver.

Les carottes, outre qu'elles sont attaquées par les
insectes quand on les laisse en terre pour ne les retirer
qu'à mesure de la consommation, perdent leur saveur.
Arrachées pour occuper un caveau, elles exigent certaines précautions, sans lesquelles elles se détériorent.
Les navets sont d'une conservation plus difficile que les
carottes et d'un produit encore moins certain. Dévorés
tantôt par la sécheresse, tantôt par les pucerons, ils se
gèlent très fréquemment. La betterave champêtre est
sujette aux mêmes accidents que les navets ; sans
compter que la culture des uns et des autres réclame
des terrains de première qualité et des engrais ainsi
que des sarclages répétés et dispendieux.

Pour suppléer d'une part à l'insuffisance des racines alimentaires que nous venons de nommer et leur substituer une plante moins délicate, on a signalé depuis longtemps le topinambour (*helianthus tuberosus*), qui s'accommode des terrains les plus pauvres, qui réussit également dans les sables arides et dans les argiles, comme dans les craies. Tous les bestiaux mangent le topinambour cru, tous l'aiment et le digèrent facilement; les moutons surtout en sont avides. Assurément, la culture du topinambour est productive et n'épuise pas le sol. Quelques propriétaires de notre département ont bien senti ses avantages, puisqu'ils la pratiquent exclusivement depuis longues années pour l'alimentation du bétail. Cette culture s'étendra de plus en plus lorsque chaque agriculteur aura reconnu comme nous que son produit est, à terrain égal et à année commune, d'un poids trois fois plus considérable que celui de la luzerne; et, comparé au navet, à la carotte et à la betterave, d'un rendement double.

BEURRE.

La fabrication du beurre n'est pas très répandue dans nos environs; à vrai dire, ce n'est que dans la belle vacherie de M. Audouy, située à quelques kilomètres de Toulouse, qu'on se livre avec succès à cette industrie.

Le mode de manipulation et les soins qu'on apporte à la fabrication de cette substance, sont les causes principales d'où dépend sa qualité. Cependant on ne saurait faire un beurre estimé si l'on négligeait d'autres soins préliminaires, tels que la nourriture des vaches, la bonne disposition des ustensiles et de la laiterie.

Le beurre de la Prévalaye qui est si connu, doit sa

supériorité à un genre particulier de battage ; son goût lui vient de la nourriture des vaches qui broutent, dans les prés de l'arrondissement de Rennes, une herbe très fine dans laquelle on trouve les meilleures graminées, le sainfoin, la pimprenelle, le lotier, le polygala, la carotte, la gesse et toutes les trèfles.

Lorsqu'il commença de se livrer à la fabrication du beurre, M. Audouy fit venir de la Prévalaye même une personne qui introduisit dans sa laiterie les meilleurs procédés usités dans cette contrée.

On sait que le beurre, absorbant facilement l'oxigène, devient acre et rance s'il est exposé à l'air ; celui de la Prévalaye et d'autres contrées éloignées ne possède pas toujours cette fraîcheur que les consommateurs recherchent; souvent même il est d'une acreté très forte.

Le beurre de M. Audouy, remarquable par sa délicatesse, sa saveur douce et agréable, a le précieux avantage de pouvoir être vendu aussitôt après sa fabrication et de procurer ainsi aux consommateurs une substance saine et nourrissante. La laiterie de cet agronome en produit environ 20 quintaux par année.

ENGRAIS.

Il y a peu d'années qu'on mêle le plâtre avec le fumier d'étable pour se procurer économiquement du sulfate d'ammoniaque. Les expériences concluantes faites par quelques agriculteurs ont constaté suffisamment ce fait. Un des meilleurs procédés consiste à disposer le fumier frais par couches, que l'on saupoudre successivement de plâtre cuit en poudre dans la proportion de 20 litres par 2,500 kilogrammes. La fermentation ne tarde pas à s'établir, et répand une odeur forte et pénétrante qui dure cinq à six jours.

Le procédé qu'emploie M. Malleville, de Villefranche, ne nous paraît pas aussi convenable que celui dont nous venons de parler. En effet, il consiste à répandre dans une litière renfermant deux animaux un kilogramme de plâtre chaque fois qu'on renouvelle cette litière. On peut redouter d'abord l'action dessicative du sulfate de chaux sur le derme des animaux, et puis une fermentation incomplète par suite de l'état de siccité de la paille. D'un autre côté, si la fermentation avait lieu dans l'étable, elle nuirait encore beaucoup à la santé des animaux.

GARANCE.

La garance (*rubia tinctorum L.*) est un produit nouveau pour nos environs. Introduite en 1766 dans le département de Vaucluse par un Persan nommé Althen, elle y est encore cultivée avec un succès tout particulier. Chaque sol, selon les sels qu'il contient et la température de l'air, influe d'une manière plus ou moins directe sur cette plante et lui imprime une qualité qui lui est propre. Ainsi, le sol léger, humide et substantiel d'une partie du département de Vaucluse permet d'y récolter une garance égale, au moins en qualité, à celle de Smyrne. Cette plante est encore cultivée avec succès dans les Indes, en Hollande, en Flandre, en Alsace et sur quelques points des départements de la Meurthe, de Lot-et-Garonne et des Bouches-du-Rhône.

Quoique la garance puisse être cultivée sur toutes les qualités de terre, néanmoins, pour permettre le développement de ses racines pivotantes, traçantes et fibreuses, on doit rechercher les terres douces, légères, fertiles, meubles, qui aient du fond et qui soient modérément humides, car la stagnation des eaux ferait chancir et moisir les racines.   5

Pour cultiver avantageusement la garance, il est donc nécessaire de choisir un terrain favorable à la végétation de cette plante, de le faire défoncer au moins à 50 centimètres de profondeur et d'avoir constamment à sa disposition une certaine quantité d'engrais, car sans cela il vaudrait mieux renoncer à établir une garancière.

M. Adrien Avy a tenté avec succès la culture de la garance dans ses propriétés, situées dans la commune de Labastide-Saint-Pierre. Les racines qu'il a exposées au concours régional sont très longues, fortes, tortueuses et cassantes; elles possèdent les meilleures qualités qui distinguent celles des environs d'Avignon. Originaire de la Provence, M. Avy a importé cette culture dans le Tarn-et-Garonne; il ensemence chaque année une superficie de 4 à 5 hectares de terrain, et il a établi sur sa propriété une petite usine pour triturer les racines. Aujourd'hui la poudre de garance qu'il fabrique est tellement appréciée, qu'elle trouve un emploi prompt et facile auprès des teinturiers de Montauban et de Toulouse.

Il serait à désirer que les heureux essais de M. Avy excitassent l'émulation de quelques agronomes de notre département, qui pourraient doter l'agriculture locale d'un produit nouveau, très productif, et d'une utilité incontestable.

FIN.

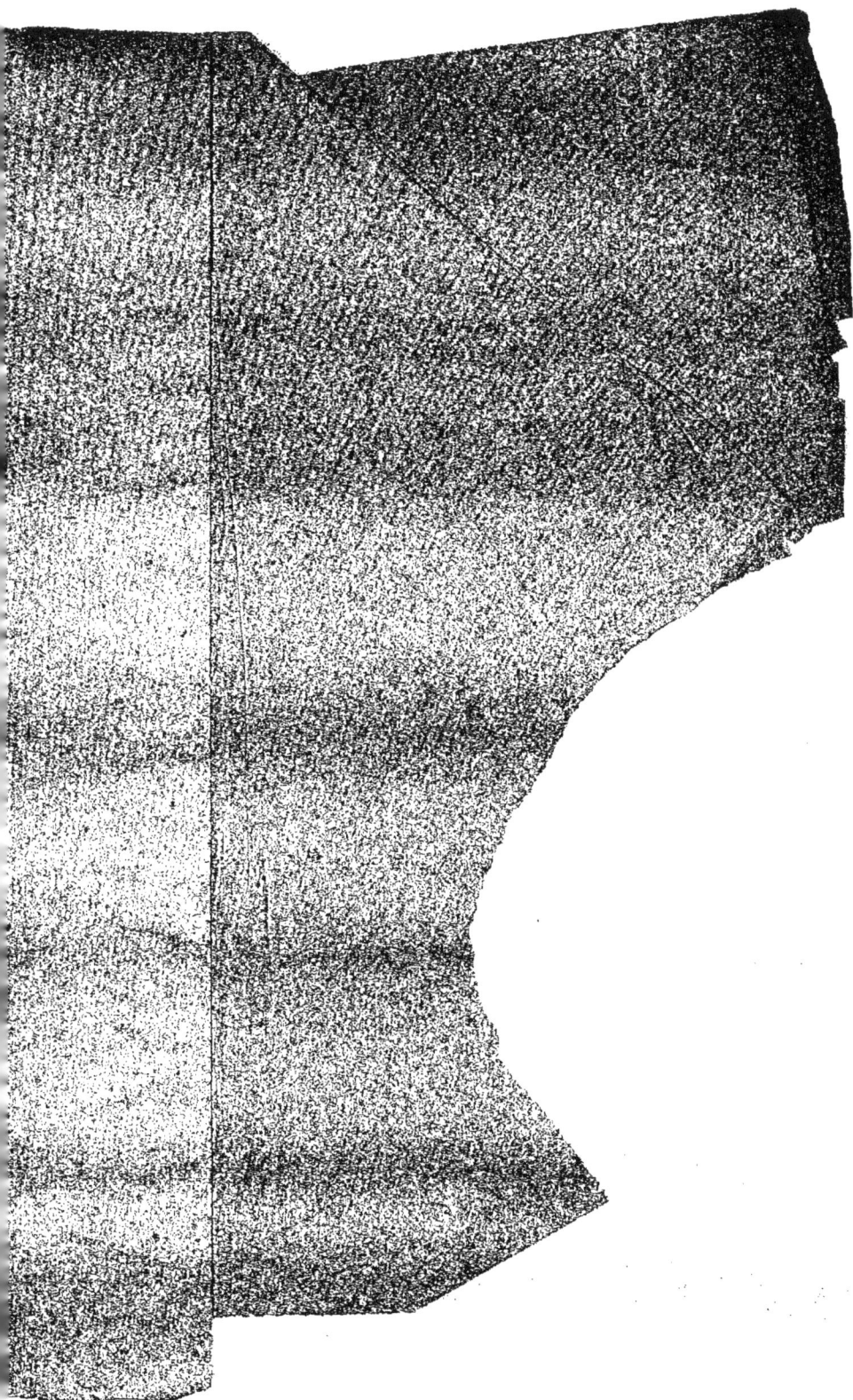

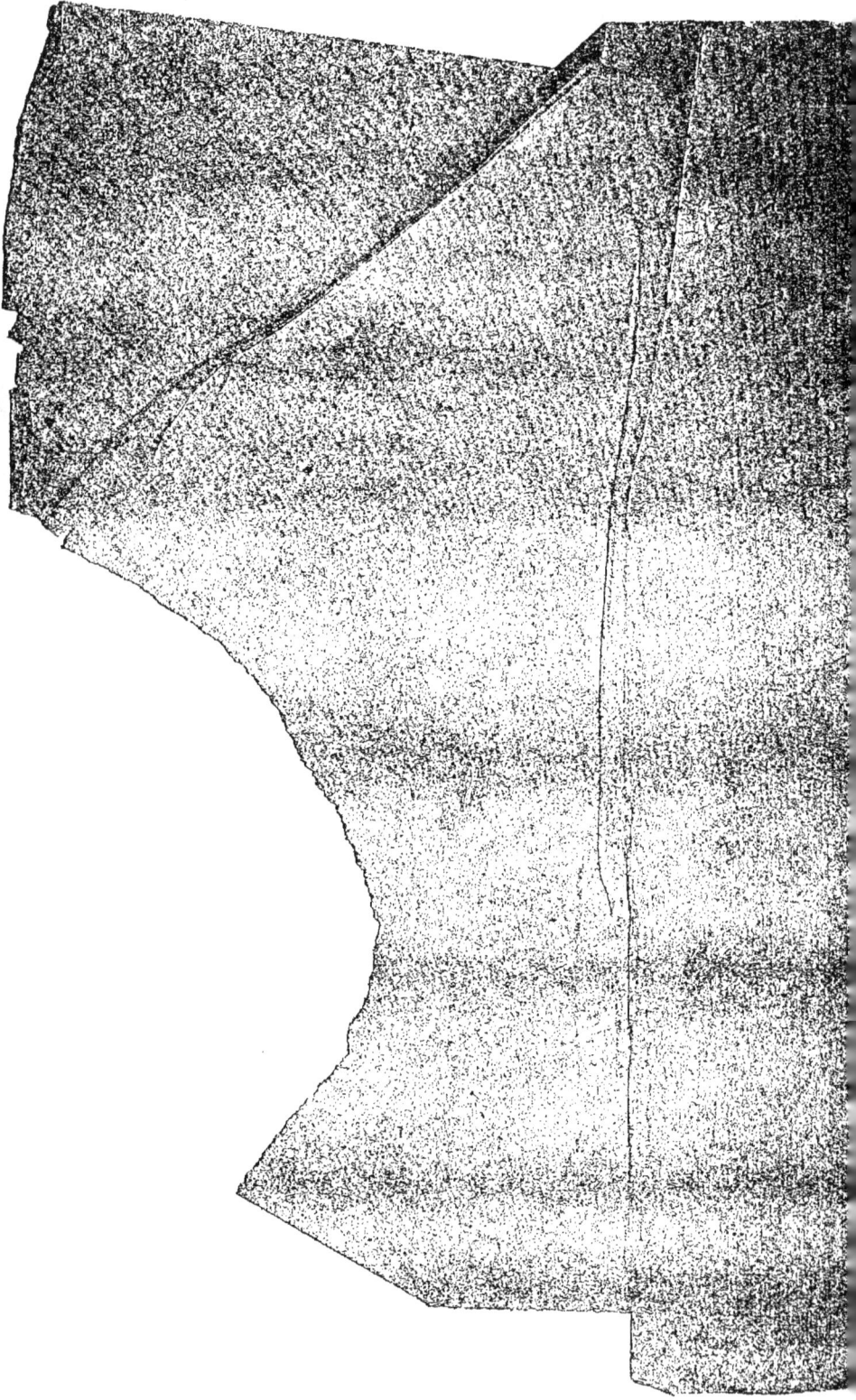

www.ingramcontent.com/pod-product-compliance
Lightning Source LLC
Chambersburg PA
CBHW050529210326
41520CB00012B/2501